Best Time

白马时光

给每个人的
防灾避险自救指南

李　妍　周馨媛　著

地震出版社
Seismological Press

图书在版编目（CIP）数据

给每个人的防灾避险自救指南 / 李妍，周馨媛著.
-- 北京：地震出版社，2022.8
ISBN 978-7-5028-5427-0

Ⅰ.①给… Ⅱ.①李… ②周… Ⅲ.①防灾－指南②
自救互救－指南 Ⅳ.①X4-62

中国版本图书馆CIP数据核字（2022）第017824号

地震版 XM5161/X（6237）

给每个人的防灾避险自救指南

李 妍 周馨媛 著

出 品 人：李国靖 **特约策划：刘 蓓**
特约监制：陈美珍 **特约编辑：刘 蓓**
责任编辑：王亚明 **封面设计：冯伟佳**
责任校对：凌 樱 **版式设计：彭 娟**

出版发行：地 震 出 版 社
北京市海淀区民族大学南路9号 邮编：100081
发行部：68423031 68467991 传真：68467991
总编室：68462709 68423029
编辑四部：68467963
http://seismologicalpress.com
E-mail: zqbj68426052@163.com
经销：全国各地新华书店
印刷：天津融正印刷有限公司

版（印）次：2022年8月第一版 2022年8月第一次印刷
开本：880×1230 1/32
字数：28千字
印张：4
书号：ISBN 978-7-5028-5427-0
定价：39.80元

前言

我国地广人多，南北和东西跨度都很大。地形地貌的复杂性及气候的多样性使我国成为世界上自然灾害最严重的国家之一。

我国的灾害具有种类多、分布地域广的特点。随着全球气候不断变暖，各种极端天气大大提高了自然灾害的发生频率。同时，由于城市化发展进程急剧加快，各种事故灾难时有发生，各类灾害风险交织聚集，给我们造成了巨大的生命威胁和财产损失。如何有效防范灾害风险，减少灾害损失，已经成为我们必须面临的巨大挑战。

试想一下：假如现在本地发生了大地震，道路、通信中断，自来水、电力等设施被严重破坏，此时此刻，你在家中，该怎么办？在地铁里，该怎么办？在户外，该怎么办？在旅途中，该怎么办？你独自一人时，该怎么办？

面对眼前变得面目全非的状况，你将如何求生？

请你现在设想一下，如果你知道正确的防灾避险应急知识，并将这些知识铭记在脑子里，也许，在你遭遇灾难的瞬间，平时一点一滴的准备，都将成为守护你和家人安全的有力盾牌！

在灾害来临前，我们可以做一些事情有效地降低风险。事故灾难更是可以通过人为干预杜绝其发生。

那我们到底该做些什么，怎么做呢？

本书介绍了一系列的实用方法，只要我们按照要求去做，就可以大大降低灾害对我们的影响。

目　录

灾害来临前，我们应该做好哪些准备？

了解所处环境及可能会发生的灾害

灾害和明天不知道哪一个先到，所以我们需要全面了解所在地区周边的环境，这很重要。

无论身在何处，都要先了解周边的环境，比如安全出口、危险源等信息，并养成习惯，牢记于心。

到达陌生环境后的第一件事，就是寻找安全出口标识，观察安全通道情况（安全通道的位置、距离，是否通畅，有无障碍），观察消防设施、防烟面罩所在的位置等情况，并养成习惯，这很重要！

如果在常住地，就要经常亲自走一走安全通道和疏散路线，记录需要的时间，看看环境有没有变化，观察通道有没有被封堵，有没有增加危险因素，比如楼梯间上锁、门窗玻璃破碎等问题。

另外，还要对常住地区有可能存在的风险进行预估和分析，包括曾经发生过的灾害、有可能出现的极端天气、具有风险性的配套设施（如燃气站、加油站、沼气井等）、特殊的人文环境（如老旧、木质建筑群等）等各个方面，掌握当地政府为公众提供的各项应急设施与措施计划，经常关注相关新闻，包括天气预报。

除此之外，还需要清楚地知道家里或者办公环境的电闸箱位置，甚至本单元、本栋楼的配电设施位置。

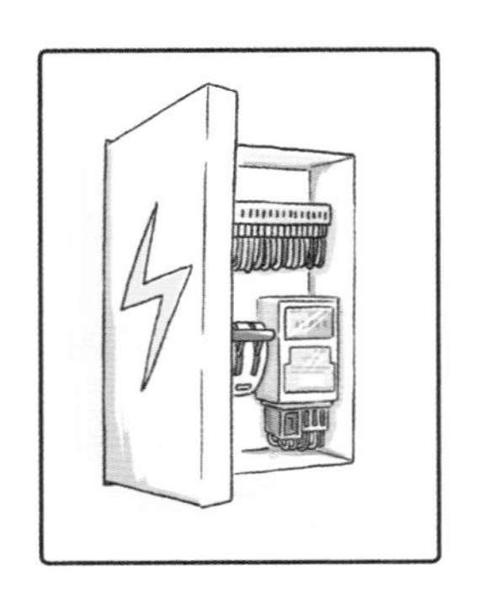

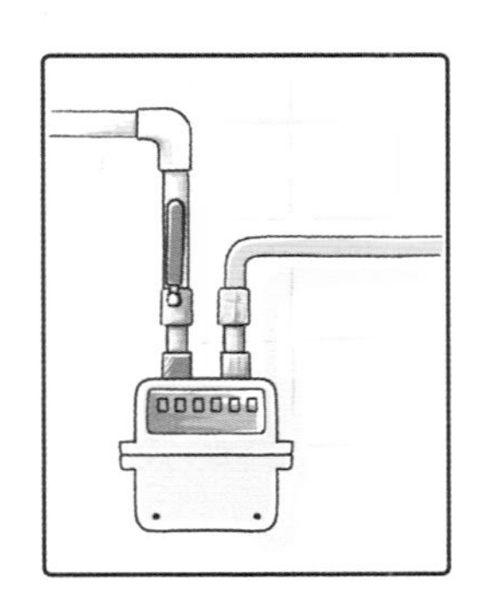

需要清楚地知道家里的燃气开关位置，并贴上明显的标记，以在发生意外的时候，让想帮助你的人，进入你家后能很快地看到它的位置所在，最好也清楚地知道本单元、本栋楼燃气开关的位置。

还需要了解可能会发生的灾害，包括曾经发生过的很严重的灾害（如地震、台风、暴雨、暴雪、极低温冰冻等）和未来有可能发生的灾害。火灾和交通事故是最普遍的灾害。全球每天都会有很多的火灾和交通事故发生，有很多人因此失去生命。然而，这两种灾害也是最容易避免的，只要我们足够重视。

学习防灾应急知识，掌握自救互救技能

1. 利用一切可以利用的时间，尽可能多地学习并掌握防灾减灾知识。

2. 很多事情一定要亲自体验，尝试着去做一做，了解自己的能力，不要想当然，不然现实会给你当头一棒。

3. 当真正面临灾害时，幸存下来的关键是：沉着冷

静地应对。本能的反应和准确的判断一定会助你一臂之力。

4. 不要对书本内容生搬硬套，一定要领悟其中的理念，在紧急时刻灵活运用学到的知识进行分析判断，快速做出决定，这很重要。

5. 不要试图去抢救财产，没有什么比生命和健康更重要。

6. 不要试图去做超出自己能力的事情，那样会让你陷入困境甚至绝境之中。

7. 牢记应急避险标识是你的必修课。

应急避难场所

应急供水

应急灭火器

应急物资供应

应急医疗救护

应急棚宿区

排除身边的风险隐患

一些看似很小的问题，很有可能会带来致命的后果，这部分内容很重要。

遭遇地震时，地震对房屋的损坏可能并不大，某些平常没有注意到的安全隐患，在地震时却造成了人员伤亡，这是不该发生的伤亡。因此，平时注意排查安全隐患，这样就可以在关键时刻减少人员伤亡及损失。

室内隐患排查

1. 及时清理放置在高处及走廊里的杂物，使逃生通道畅通。这将便于紧急情况下，人员顺利地疏散撤离。

2. 柜中物品摆放要遵循“重在下，轻在上”的原则。这样即使地震时有物品掉落，也不容易伤人。

3. 及时更换有裂纹或者破碎的玻璃，给不是钢化玻璃的玻璃门、窗、鱼缸等玻璃物品上贴层玻璃膜。

4. 如家中有婴幼儿，要注意一些低矮家具（如抽屉柜）和电器（如电视机、电脑显示器等）的稳固性。它们的倾覆和掉落对婴幼儿来说有时也是致命的，所以要尽可能地把这些物品固定在墙上，或者放在孩子够不着的地方。

5. 不要选用吊灯、挂钟等悬挂物。如果家里已经放置，要将它们固定好，防止掉下来伤人。卧室的床上方，如果是吊灯，要及时换掉。

6. 厨房有很多玻璃和陶瓷制品，还有刀、叉等尖锐器物，不要仅仅为了美观而选用开放式的橱柜，尽量选用有柜门的橱柜，这样可以防止在遭受强烈震动时，碗、盘等易碎品以及刀、叉等危险物品从橱柜里掉落下来。除此之外，还要固定好烤箱、微波炉等电器。

7. 定期检查燃气管线是否漏气，燃气软管要定期更换，要安装燃气报警器。不要舍不得花钱，这点儿节俭，可能会酿成大祸！

8. 老旧房屋即使不装修，到了一定年限也要及时更换老旧电线，扔掉用旧了的插线板，选用防雷击、防过载的插线板，不要在同一条电线上串联使用多种大功率电器。

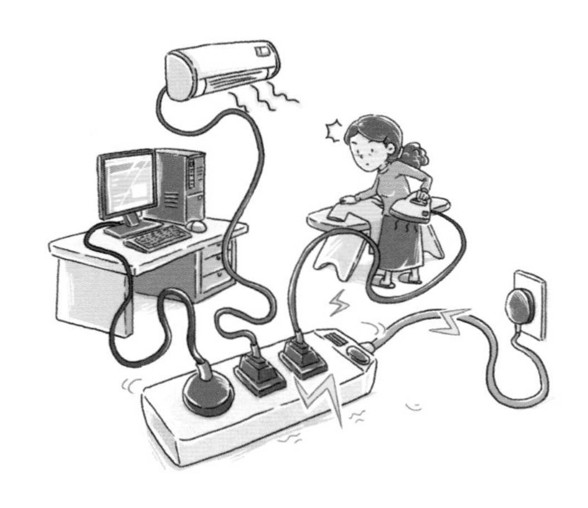

9. 选用正规厂家的电器产品，坚决杜绝三无产品，有些老旧电器即使没坏，也要及时换新，如电热毯、取暖器等容易老化的电器。使用电热毯时，在睡觉前 30 分钟打开预热，睡觉时一定要关掉电源，这才是电热毯正

确且安全的使用方式。使用电热毯、取暖器时要有人守在旁边，不可以将这类电器用于烘干等用途。超高温电器在使用时一定要远离易燃物品。

10. 固定容易倾倒的家具（如书柜等很高、很薄的家具），以防止地震时倾倒砸伤人，同时注意摆放位置，尽量放置在即使倒下也不容易堵塞门口、疏散通道或不容易伤人的地方，要远离睡床、座椅、沙发等位置。

11. 家里和办公室内不要储存易燃易爆品，以及有剧毒的化学物品。日常用的化学品要严格控制总量，必须妥善保管，避免地震时因碰撞导致泄漏而发生化学反应。

日常生活中，要避免同时使用易发生化学反应的化学品（如洁厕剂与消毒剂），以免对人造成致命的伤害。不要在非专业的实验室或存储库内存放危险品。

室外隐患排查

一般认为地震时室外比较安全，但其实室外也有许多不安全的因素。要注意排除以下安全隐患，才能保证地震时室外人员的安全。

1. 在疏散通道内，检查有无不稳定的物体或容易掉落的物体（如安装不牢固的空调室外机、花盆、老旧遮阳棚等），以及地面障碍物（如台阶、开放式排水沟、缺少盖子的排水井 / 设备井等）。

2. 防盗窗一定要留有逃生门，平时可以锁上，但钥匙一定要放在距逃生门 1.5 米内容易拿到的位置，比如挂在室内窗口旁边的墙上，让全家人都知道。这一条很重要。

3. 注意附近是否有家具、电器、废旧物品等杂物挡住了通道。

4. 注意附近是否有没明确标识的地下燃气井、热力井、沼气井、储水池等易燃、易爆、易坍塌的空间。

5. 发现有人在楼上的窗台或阳台上摆放了花盆、杂物等物品，又没有采取保护性措施，易坠落，要及时进行提醒、劝阻，或立刻向物业、社区、街道反映。

6. 看到有人私拉乱接电线为电动车充电时，要立刻进行劝阻，或向相关部门反映。

维修或加固房屋等建筑物

1. 为了更好地防御地震、大风、暴雨等自然灾害的突然袭击，要定期对老旧房屋进行检查、维修和保养。易风化酥碱的土墙要定期修复加固。木结构的建筑要采取防虫蛀的措施。

2. 发现墙体有裂缝，要及时修理，严重时要找专业人员进行评估。主梁、承重墙等重要位置发生开裂、虫蛀等现象，影响主体安全时，要立刻采取补救措施，必要时拆除重建。

3. 屋顶漏水要及时修补，定期清理排水沟、管，发现排水管损坏后，要及时更换，保证屋顶、阳台、房屋墙脚处的排水顺畅。

大雨过后要立刻排除房屋周边积水，以免长期浸泡房屋基础。

4. 大雪过后，要及时清理屋顶积雪，避免给屋顶及承重结构造成过大的压力，从而使房屋损毁。

雪融化后屋檐下形成的冰锥也要及时清理，避免掉落伤人。

制订逃生计划，绘制风险逃生地图

要清楚地知道本区域的安全通道、疏散路线，附近的应急避难场所，以及去往应急避难场所路上的不安全因素。比如可能会塌陷的地面、断裂的桥梁、容易倒塌的广告牌等问题都要清楚，并且牢记于心。这些很重要。

找出室内各个房间最安全的地震避险位置，如牢固的桌下、承重墙的内墙角。

知道躲开不利避险的地点，如远离窗户，躲开易掉落的悬挂物，远离容易引发气体泄漏和火灾的煤气管线等。

学校等也会经常组织各种演练，学生一定要认真对待，积极参与，听从指挥。这一条非常重要。

根据所了解的信息，与家人一起制订应对的计划

绘制本区域的平面图

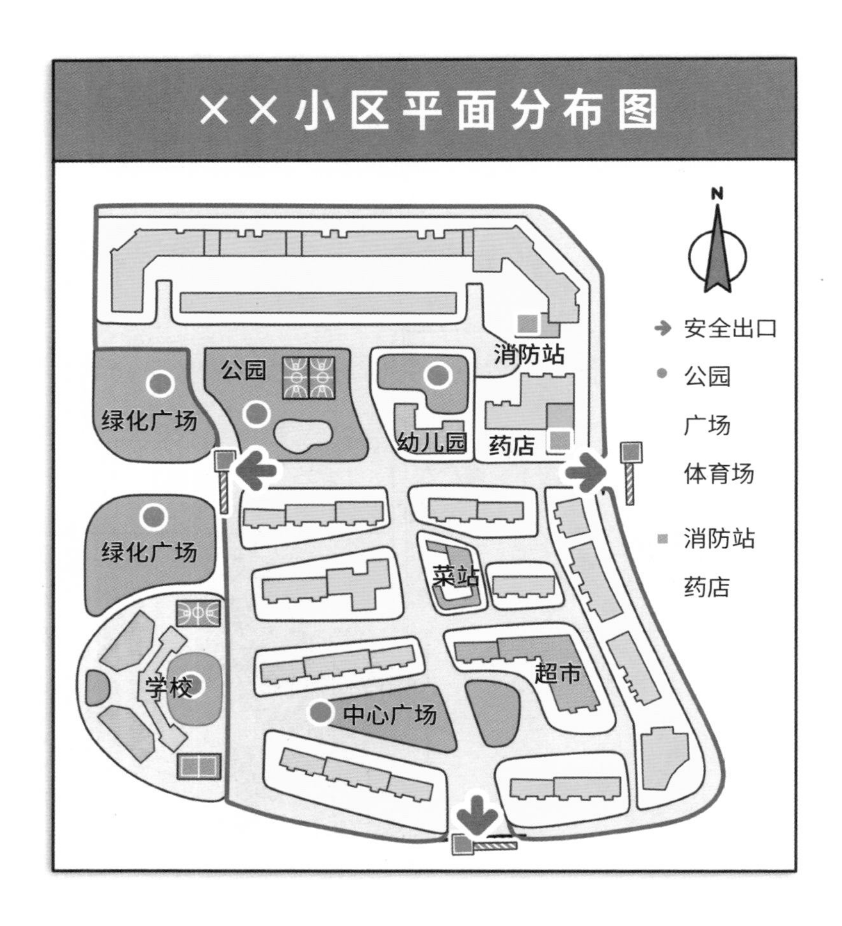

地图中要标明以下信息。

1. 标明危险源，如加油 / 气站、变电器、变电站、沼气井、燃气管道、热力井、高压电塔及电线、化工厂、餐馆厨房等。

2. 标明本区域内的一些重要场所，如安全出口、消防站、避难层（间）、卫生服务站、消防站 / 队、医院、派出所、酒店、药店、超市等。

3. 标明广场、公园、体育场、学校操场等应急避难场所，以及通往那里的多条疏散路线，包括每条路线徒步到达所用的时间及途中的危险源。

绘制附近大型应急避难场所的地图

标注各功能区域及各项设施的数量。要与家人经常到这些避难场所实地查看，要对其非常了解，就像了解自己家一样。

绘制家庭逃生地图

用不同的颜色标明家中危险源（如燃气设施、可能发生火灾的电器设施等）、地震安全的位置、火灾安全的位置，以及不同的逃生路线。

确定一个本居住地区以外的紧急联系人

知道其电话号码、可发送信息的手机号码，储存在手机中，记录在应急包中的紧急联系卡上，同时也要牢记在心里，这个很重要。

如果发生了灾难，与你在同一地区的人很可能跟你的处境是一样的，所以需要挑选一名外地亲友，将他作为全家人在失去联系后的消息中转站，因为在灾难来临

时，通信中断的情况下，利用分时分地区应急通信保障机会进行联络。

制订应急物资清单，并按照其内容准备物资，进行妥善保管

无论是在家里还是在办公场所，都要根据实际需求准备必要的应急物品，并且学会什么时候使用、如何使用。这个很重要。

准备应急物品的基本原则是准备应急与生存必需品，并且一定是你需要的。

不要忘记为女性准备卫生用品，家中有婴儿、老人、病人等特殊人群时，还需要根据他们的特殊需求准备一些必备物品。这些都很重要。

在一些地区，天气炎热时，会滋生很多蚊虫，它们是传染病的传播者，所以要采取防蚊虫措施，准备相关用品。

含糖的饮料、袋装蜂蜜可以快速为低血糖患者提供糖分，而糖块的速度要慢很多。

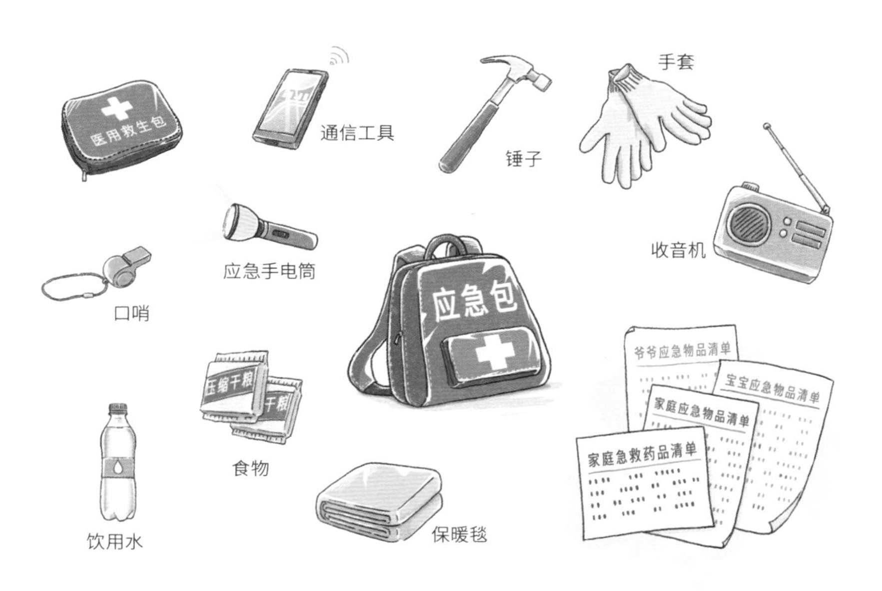

应急物品建议

- **防范火灾的物品：**灭火器、防烟面罩。
- **家庭急救箱：**碘伏、无菌纱布、弹力绷带、三角巾、体温计、小剪子、创可贴、一次性医用手套（多双）、烫伤膏、止泻药等。
- **应急医疗物品：**碘伏、无菌纱布、弹力绷带、三角巾、体温计、小剪子、创可贴、一次性医用手套（多双）。
- **应急类药品：**抗过敏药品、止泻类药物、针对哮喘的应急药品、针对心脏问题的急救药物、抗生素等。
- **应急食品及饮用水：**压缩饼干、牛肉干、罐头、巧克力、干果、含糖量高的饮料、葡萄糖、袋装蜂蜜、糖块、饮用水等。
- **应急物品：**备用通信设备、手电（建议包括手摇式）、收音机、与设备匹配的备用电池、哨子、保温毯、发光棒、暖宝宝、口罩、防风打火机（防水火柴）、蜡烛、压缩毛巾、便携式餐具、饭盒、塑料布、干净的塑料袋（保鲜袋 / 垃圾袋）、驱蚊水、酒精湿巾、卫生纸、一次性内裤、成人尿不湿（如果有特殊需要）等。

应急物品建议

- **女性：** 卫生湿巾、女性卫生用品等。
- **老人：** 老人的健康情况说明卡，所需要的药品，如糖尿病、高血压等慢性病药品，急救类药品（如硝酸甘油、速效救心丸、阿司匹林、短效降压药等）。
- **孕妇：** 待产包。
- **婴儿：** 奶粉、奶瓶、奶嘴、尿不湿、爽身粉等。
- **残疾人：** 残疾人的必需用品。
- **病人：** 病人的病例、医嘱摘要，以及所需的特殊用品、药品。
- **个人信息卡：** 写清楚姓名、电话、身份证号码、血型、药物过敏史或病史、住址、紧急联系人姓名、与本人关系、联系电话等信息。
- **应急联系卡：** 一名外地亲友的联系方式。

特别提示：

1. 这些应急物品要有物品清单，包括数量、保质期、检查维护记录等重要信息。

2. 应急物品清单要按照不同需求的人分开列明，如"宝宝应急物品清单""爷爷应急物品清单"等，以便查缺补漏，以及非常时期医疗人员了解情况。

3. 食品、药品、饮用水等物品要考虑用量，要注意保质期，定期更换。

4. 手电、通信设备、收音机等用电设备三个月检查一次电量，及时充电或者更换电池。

5. 慢性病药品建议准备 15 天以上的用量，其他药品则适量即可。

6. 饮用水（含饮料）建议用量：2.5～3 升/（天·人）。

7. 应急食物要考虑营养均衡，体积小、高热量、保质期较长的是首选。

成年人的热量参考摄入量为 2100 千卡（kcal）/（天·人），1 千卡（kcal）=4.186 千焦。

例：100 克方便面的热量约为 500 千卡（kcal）；

100 克压缩饼干的热量约为 457 千卡（kcal）；

100 克巧克力的热量约为 586 千卡（kcal）；

100 克牛肉干的热量约为 550 千卡（kcal）。

值得注意的是，每种食物品牌不同、口味不同、添加剂不同，其热量也不相同。上述数据仅供参考，在准备食物的时候，要关注包装上的数据，以便计算储备量。

8. 应急物品要尽量选用体积小，重量轻，有阻燃、防水等特点的物品。

9. 应急包要放在逃生时易拿取、阴凉干燥的地方。

10. 除此之外，你还想到需要准备什么？马上写在你的清单里，并且准备好。

要经常跟家人一起讨论，假如发生某种灾害该怎么办

设置不同的场景，比如灾害发生时，有人在家、在学校、在幼儿园、在工作单位、在医院、在地铁里、在逛商场、在看电影、在出差路上或者旅行途中……

将家庭演练当作一个游戏，经常设置不同的目标（问题），一家人共同完成。

把你所了解的知识、知道的事情，分享给更多的人，比如邻居、亲戚、同事、朋友……这将会对你有好处。

自然灾害篇

地震、沙尘暴、台风、暴风雪……，这些都是自然现象，当这些自然现象的出现对人类的生命和财产安全造成威胁和影响时，它们就成了灾害，统称“自然灾害”。

面对台风、暴雨、沙尘暴、暴风雪等极端天气，人们是可以通过天气预报提前做好防范措施的。

然而，地震预测依然还是世界性的难题。地震预测的研究成果虽然还难以充分适应减轻灾害的需要，但科学工作者们孜孜以求，坚持探索研究，不断取得进展。我们应该对地震预测有更多的认知和了解。

遭遇地震，该怎么办？

认识地震，了解地震

没有经历过地震的人，一定无法想象，当地震来临时，一定会晕头转向，连简单的控制好身体平衡都变得很艰难。

要想在地震时躲过劫难，那就得认真地了解它。

地震发生时，地震波向地面传来。纵波首先到达，大地先是上下震动，建筑物会被它颠出裂缝，变得不结实了。接着横波产生水平方向的晃动，正是这个晃动，会把已经被颠得不结实的建筑物晃倒，倒塌的建筑物会对在房间里的人造成毁灭性的伤害，这是造成地震灾害的主要原因。

上下震动

左右晃动

在这个过程中，你认为有机会逃生吗？恐怕直到建筑物倒塌你还晕头转向呢。

地震时不要盲目地采取行动，首先要做的是保持身体的平衡和稳定，努力让自己冷静、清醒，这很重要。

前面说了，地震时先来的是纵波，后来的是横波，根据震级大小，两个波之间可能会有短暂的秒差时间，这个时间也许只有几秒，但它是非常宝贵的逃生时机。只要平时树立“宁可千日不震，不可一日不防”的防灾减灾意识，积极学习防震减灾知识，做好充足的准备，我们就可以提高防灾自救能力。

接下来要根据不同的环境采取不同的措施。当然，有些事情是需要你提前做好准备的。具体怎么做，我们一起来看看。

地震时，室内避险原则

地震时，如果在平房里或者低楼层，第一时间跑到室外是最安全的。前提是你要清楚安全出口在哪里，并保证身体的平衡和稳定，这样才可以跑出去。

跑动的过程中，要注意掉落的物品、倒下的家具等，避免被砸伤。跑出去的时候要注意护住头部，最好顶个枕头或者靠垫之类的东西。

如果来不及跑出去，或处在高楼层，优先选择立即躲避在室内的卫生间、厨房等开间小、有承重墙或支撑物的地方。如果条件允许，门要保持打开状态，在剧烈

晃动的时候，墙体走位变形，门有可能因此被卡住，打不开，那样就会被困在房间里。

也可以迅速在床边的地上趴下，或躲在坚固的家具旁，同时用被褥、枕头等物护住头部。如有可能，用毛巾或衣物捂住口鼻防尘烟。

厨房

起居室

卧室

如果选择在桌子下面避险，要按照图片上的方式躲避。

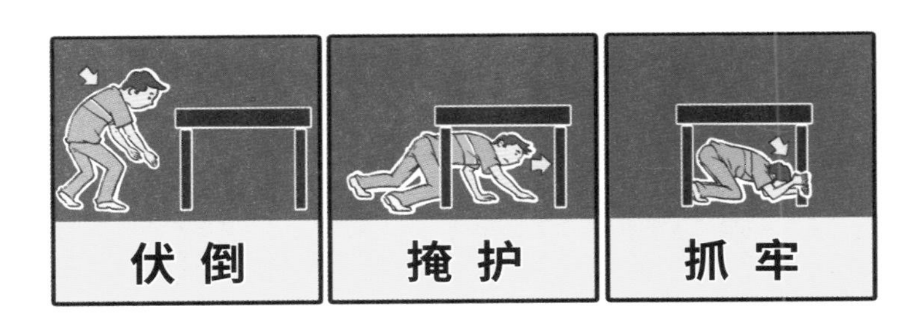

如身处人员众多的大厅或体育场等场所，千万不要慌乱地向安全出口挤，要按照场所的广播或听从管理员的指示行动。

如果处在地下场所，则可能会停电，应躲在柱子或墙壁旁边等着摇晃停止，保持冷静，找机会撤离到安全区域。

要注意这些事情

不要待在床上，不要待在阳台上，不要乘坐电梯，更不要跳楼。

在震动的间隙关掉所有能关掉的炉火、燃气，拉下电闸或切断电源，防止可能引发的触电、火灾或爆炸等危险。

地震时，室外避险原则

如果地震发生时人在室外，则应迅速远离楼房、狭窄街道、桥区、危险品仓库、加油站、广告牌、水坝、山崖、海边等区域；远离变压器、电线杆，以防触电。

如在开车，应打开双闪应急灯，减速，将车辆停在道路旁边安全区域，拉好手刹或打开电子驻车制动器，关掉发动机，等待震动停止。

灾难发生后，如救援人员未及时到达，在安全的前提下，尽量力所能及地救助那些需要帮助的人。

地震后，被困、被埋压

如果地震后被困在倒塌的建筑物下，要想办法让自己呼吸顺畅，同时用湿衣物捂住口鼻，防止大量灰尘进入呼吸道而窒息。那种情况下用什么可以弄湿衣物，聪明的你好好想想。

无论是被困，还是被埋压，首先要静下心来，保存体力，别慌张，等待救援，这很重要。

如果可以移动，要向有光亮的方向移动，尽快脱离危险。如果无法移动到更远的地方，想办法发出求救信号。如果手机有信号，想办法联系外界求救，保持电量，不要进行无用的操作。

也可以吹响哨子，用坚硬的物品如水泥块、砖头等进行敲击，外面的救援人员有可能会听到。重点是吹哨子或者敲击的时候，要确保外面有人，不然还是要以保存体力为主。

在可移动的空间内寻找水和食物，尽量节省，以备长时间食用。

如果受伤出血，想办法包扎止血，避免流血过多休克，想办法维持自己的生命，所以平时应该学些急救方法。

如果几个人同时被埋压，要互相鼓励，互相帮助。

遭遇台风，该怎么办？

我们先来认识一下台风的兄弟姐妹

按照热带气旋底层中心附近最大平均风速，我国将热带气旋分为六个级别。

热带低压：　6～7级，10.8～17.1米/秒

热带风暴：　8～9级，17.2～24.4米/秒

强热带风暴：10～11级，24.5～32.6米/秒

台风：　　　12～13级，32.7～41.4米/秒

强台风：　　14～15级，41.5～50.9米/秒

超强台风：　16级或以上，≥51.0米/秒

以上这些都是可能会带来灾害的自然现象。在众多自然灾害中，台风是为数不多可以预报的，所以要注意查看天气预报，气象台会将不同程度的破坏因素划分为

几个等级，用颜色来表示，一目了然，非常清晰。

台风预警信号分四级，分别以蓝色、黄色、橙色、红色表示。

台风蓝色预警信号

24 小时内可能或者已经受热带气旋影响，沿海或者陆地平均风力达 6 级以上，或者阵风 8 级以上并可能持续。

台风黄色预警信号

24 小时内可能或者已经受热带气旋影响，沿海或者陆地平均风力达 8 级以上，或者阵风 10 级以上并可能持续。

台风橙色预警信号

12 小时内可能或者已经受热带气旋影响，沿海或者陆地平均风力达 10 级以上，或者阵风 12 级以上并可能持续。

台风红色预警信号

6 小时内可能或者已经受热带气旋影响，沿海或者陆地平均风力达 12 级以上，或者阵风 14 级以上并可能持续。

与台风相伴的强风、暴雨和风暴潮能摧毁海堤、房屋、船舶，淹没农田、街道，破坏交通、电力和通信设施，还可能引发山洪、泥石流、山体滑坡等多种灾害。

台风可以带来充足的雨水，成为与人类生产关系密切相关的降雨系统。但是，台风也能带来各种破坏。总之，台风突发性强、破坏力大，是最严重的自然灾害之一。

应对台风的措施与避险原则

✓ 台风来临前，应清理自家阳台窗口处的花盆、杂物，庭院里的物品，以免被大风刮起后坠落伤人。

✓ 根据预警等级情况提前加固门窗、围板、棚架、广告牌等易被风吹动的搭建物，或者拆除易被风吹动的搭建物，人员切勿随意外出，确保老人小孩儿处于家中最安全的地方，及时转移危房里的人员，切断危险的室外电源。

✓ 根据预警等级情况，按照要求停止室内外大型集会，停止高空户外危险作业，停课，停工，除非是从事特殊行业如气象、消防、救援等的工作者，否则应和家人一起待在家里。

✓ 因台风会破坏公共设施，可能会因此停水停电，提前准备一些水和食物，以及照明设备和备用电池。

✓ 关注气象预报，了解台风的最新情况。

✓ 走在路上时遭遇台风，尽可能抓住栏杆等固定物，弯腰慢慢前行，转移到安全地方。

✓ 如果在河边，尽快远离，尽量降低重心，避免被吹入水中。

✓ 台风来临时，千万不要在危旧房、工棚等临时建筑、脚手架、树木、广告牌等容易造成危害的地点避风。

✓ 如果住的是抗风能力较差的房屋，要撤离到安全的地方，确保安全。

遭遇雷电，该怎么办？

认识雷电

雷电是在大气中发生的剧烈放电现象。放电时会发出亮光并产生大量的热量，加热周围的空气，使空气急剧膨胀，形成隆隆雷声。

雷电的危害分为直接雷击、间接雷击（或叫感应雷击）。雷电分为直接雷和感应雷，避雷针只能防止直接雷，感应雷则会通过与外部相连的线路危害室内的家用电器。

雷电预警信号分三级，分别以黄色、橙色、红色表示。

雷电黄色预警信号

6 小时内可能发生雷电活动，可能会造成雷电灾害事故。

雷电橙色预警信号

2 小时内发生雷电活动的可能性很大，或者已经受雷电活动影响，且可能持续，出现雷电灾害事故的可能性比较大。

雷电红色预警信号

2 小时内发生雷电活动的可能性非常大，或者已经有强烈的雷电活动发生，且可能持续，出现雷电灾害事故的可能性非常大。

应对雷电的措施与避险原则

✓ 在室内要关好门窗，关闭电器开关，拔掉电源插头，防止烧坏电器。

✓ 不要开水龙头或者淋浴，这有可能会引起电效应，危及安全。

✓ 不要站在阳台或者平台上，尤其是高层建筑的阳台或平台。

✓ 远离金属设施，如金属栏杆、金属电线杆、金属管线等。

✓ 在野外遇上雷雨时，不要跑到大树底下躲雨，大树突出地表，易被雷电击中。

✓ 不要站在山顶、楼顶等高处，要站到地势较低的不易导电的地方。

✓ 在户外时可以找有避雷措施的场所躲避，若找不到避雷场所，可以蹲下，双脚并拢，尽量降低身体重心，减少自身和地面的接触面积。

✓ 雷雨天不要接打电话，尤其身处空旷地带时，雷雨天最好关闭手机。

✓ 遇到雷雨时不要到江河、湖泊、池塘等处钓鱼、划船或游泳，要远离这些地方，包括露天泳池。

✓ 驾车遭遇雷电时，不要将头伸向车外，关好车门车窗，上下车时双脚应同时离地或离车。

✓ 多人一起在野外时，不要手拉手，应相互拉开几米距离，不要挤在一起，防止雷击后电流相互传导。

✓ 如果发现有人遭受雷击，要及时拨打 120 并进行救治。若发现雷击伤员的心跳和呼吸均已停止，应立即做心肺复苏，这项技术应该是在平时就学习和练习过的救命技术。

遭遇暴雨，该怎么办？

认识暴雨

暴雨是降水强度很大的雨，常在积雨云中形成。24小时降雨量 50 毫米以上的降水称为暴雨。

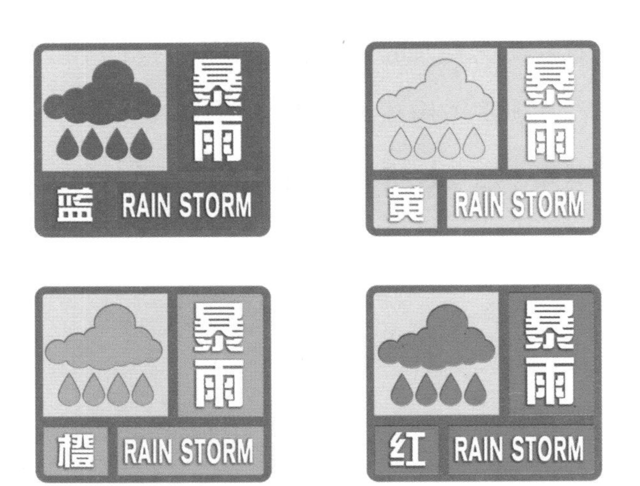

暴雨预警信号分四级，分别以蓝色、黄色、橙色、红色表示。

暴雨蓝色预警信号

12 小时内降雨量将达 50 毫米以上，或者已达 50 毫米以上且降雨可能持续。

暴雨黄色预警信号

6 小时内降雨量将达 50 毫米以上，或者已达 50 毫米以上且降雨可能持续。

暴雨橙色预警信号

3 小时内降雨量将达 50 毫米以上，或者已达 50 毫米以上且降雨可能持续。

暴雨红色预警信号

3 小时内降雨量将达 100 毫米以上，或者已达 100 毫米以上且降雨可能持续。

短时间内达到暴雨量级的强降雨，极容易造成城市内涝，会给城市交通带来重大影响，也会使民众的生命财产安全受到威胁。

应对暴雨的措施与避险原则

✓ 关注气象部门做出的暴雨预警信息的变化和最新情况预报。

✓ 暴雨来临时，如果住在平房 / 别墅，要在家门口放置挡水板或者沙袋。积水入户后要及时切断电源。住在低洼地区的居民，要提早转移到安全地带。

✓ 暴雨来临时，不要外出。如果必须外出，则要绕过积水严重路段。

✓ 将阳台摆放的物品及时收起，以免误伤他人。

✓ 在积水中行走时，注意观察环境，远离电线杆，

尤其是掉落的电线，要贴近建筑物行走，远离旋涡、地坑、下水道等可能出现危险的区域。

✓ 暴雨容易引发泥石流、山体滑坡，如在野外，尽快远离危险地方。

✓ 远离江河湖泊，防止被水流卷走。

✓ 驾驶时，减速慢行，注意行车距离。要绕开积水路段，不要进地下涵洞、过街隧道。

✓ 如果车辆已经被淹熄火，立刻弃车离开，不要犹豫，更不要舍不得你的车，这很重要。

✓ 如果车辆被水淹，车门已经不能打开，立即用专用工具砸开车窗玻璃，弃车逃生。

遭遇洪水，该怎么办？

认识洪水

洪水是由暴雨、急骤融化的冰雪、风暴潮等自然因素引起的江河湖海水量迅速增加或水位迅猛上涨的水流现象，一般发生在以降水为主要补给的河流汛期。

洪水几大类型

暴雨洪水

暴雨洪水是由强度较大的降雨形成的，简称雨洪。暴雨洪水是我国影响范围最广、时间最长、危害最大的洪水灾害。

融雪洪水

融雪洪水是由积雪融水和冰川融水形成的洪水，主要分布在我国西部和东北部高纬度山区，西藏、新疆、甘肃、青海等地区比较严重。

冰凌洪水

冰凌洪水是冰川或河道积冰融化形成的洪水。河流封冻时也可能产生冰凌洪水。

我国冰凌洪水主要发生在黄河上游的宁夏、内蒙古河段和部分下游河段，其次发生在松花江的部分河段。

溃坝洪水

溃坝洪水是由于大坝或其他挡水建筑物发生瞬间溃决，水体突然涌出，从而形成的洪水。溃坝洪水虽然影响范围不大，但破坏力极强。

应对洪水的措施与避险原则

✓ 洪水将要来临时，听从政府统一安排，提前转移到安全地带。

✓ 洪水来临时，如果没有及时转移，就要向高地、高楼、大树、避洪台等高一些的地方转移。

✓ 如果洪水水位持续升高，危及自身安全，要快速寻找一些木质材料、大块泡沫等可以漂浮在水面上的物品，利用这些物品进行漂浮逃生。多找几个空的矿泉水瓶绑在衣服里也是可以的。

✓ 如果被洪水围困，要及时联系政府部门（如应急部门），报告具体位置和险情，等待救援。

✓ 被洪水围困时，发现救援人员后，要用呼喊、吹哨、挥动鲜艳物品（衣物、旗子、塑料袋等）、晃动手电光、放烟、燃火等方法发出求救信号。

✓ 如果被洪水冲走，要尽量抓住一切漂浮的东西，自救逃生。

✓ 如果很多人同时落水，所有人可以手拉手，利用牵制力一起抵御洪水。

✓ 远离危房、下水道、电线杆、高压电铁塔、化工厂等一切危险地域。

✓ 驾车时遇到洪水要及时逃生，如打不开车门，要设法砸开车窗玻璃，爬出逃生。

遭遇山体滑坡，该怎么办？

认识山体滑坡

山体滑坡是山体斜坡上某一部分岩土在重力作用下，沿着一定的软弱结构面产生剪切位移，整体向斜坡下方移动的作用和现象，是常见地质灾害之一。

山体滑坡征兆

✓ 在斜坡上有明显的裂缝，裂缝近期有加长、加宽现象。

✓ 在斜坡上的房屋出现了开裂、倾斜的现象。

✓ 在坡脚有泥土挤出、频繁垮塌现象，这是滑坡体明显向前推挤导致的。

✓ 干涸的泉水突然复活流水了，而且非常浑浊，或者泉水突然干涸了。

✓ 动植物出现异常响动，家畜惊恐不安，树木枯萎或歪斜等。

应对山体滑坡的措施与避险原则

✓ 做好避让，人员和车辆不要在可能出现滑坡的山体下停留。

✓ 遇到滑坡时要保护好头部，向两侧逃离，不可顺着滚石滚落方向往下跑。

✓ 向与滑坡方向垂直的两边山坡上面爬，不要停留在凹坡处，这很重要。

✓ 无法撤离时，也不要慌张，如滑坡呈整体滑动，可迅速抱住身边树木等固定物体。

遭遇泥石流，该怎么办?

认识泥石流

泥石流是山区或者其他沟谷处，以及其他地形险峻

的地区，因为暴雨、暴雪或其他自然灾害引发山体滑坡并携带有大量泥沙及石块的特殊洪流。

泥石流具有流速快、流量大、物质容量大和突发性、破坏力强等特点。

泥石流常常会冲毁公路铁路等交通设施，甚至村镇等，造成巨大损失。

泥石流有哪些征兆

河水出现异常，河中流水突然断流或水位突然暴涨，并夹有杂草、树木等，这时上游已经形成了泥石流。

出现异常声响，如出现沙石松动或流动的声音却找不到声音的来源，深谷发出震动或轰鸣声，这时泥石流即将形成。

山体出现异常，出现很多白色水流，山坡变形，甚至出现山坡上物体倾斜。

雨下个不停或者雨刚刚停，溪水水位急速下降。

应对泥石流的措施与避险原则

✓ 发现泥石流迹象后，观察环境，向两侧山坡或高地方向逃生。

✓ 逃生时，扔掉一切影响行进速度的物品，不要贪恋财物。这一条很重要。

✓不要躲在陡峻的山体下和有大量堆积物的山坡下。不要停留在低洼的地方，也不要攀爬到树上躲避。

遭遇沙尘暴，该怎么办？

认识沙尘暴

沙尘暴是指强风将地面大量尘沙卷入空中，使空气特别浑浊，水平能见度低于 1 千米的天气现象。沙尘暴的形成需具备地面上的沙尘物质、大风和不稳定的空气状态等条件。

沙尘天气状况下的尘沙污染空气，危害健康，导致能见度大为降低，甚至导致白天如黑夜。沙尘暴可造成房屋倒塌、交通供电受阻、火灾等灾难。

沙尘天气分类

浮尘

尘土、细沙均匀地浮游在空中，使水平能见度小于 10 千米的天气现象。

扬沙

风将地面尘沙吹起，使空气相当浑浊，水平能见度在 1 千米至 10 千米之间的天气现象。

沙尘暴

强风将地面大量尘沙吹起，使空气很浑浊，水平能见度小于 1 千米的天气现象。

强沙尘暴

大风将地面尘沙吹起，使空气很浑浊，水平能见度小于 500 米的天气现象。

沙尘暴预警信号分三级，分别以黄色、橙色、红色表示。

沙尘暴黄色预警信号

12 小时内可能出现沙尘暴天气（能见度小于 1000

米），或者已经出现沙尘暴天气，并可能持续。

沙尘暴橙色预警信号

6 小时内可能出现强沙尘暴天气（能见度小于 500 米），或者已经出现强沙尘暴天气，并可能持续。

沙尘暴红色预警信号

6 小时内可能出现特强沙尘暴天气（能见度小于 50 米），或者已经出现特强沙尘暴天气，并可能持续。

应对沙尘暴的措施与避险原则

✓ 关注天气预报，做好防风防沙准备，关闭门窗，可用胶条对门窗进行密封。把围板、棚架、临时搭建物等易被风吹动的搭建物固定紧，妥善安置易受沙尘暴影响的室外物品。

✓ 保护好水源，水井加防尘保护罩。

✓ 沙尘暴到来时，人员应当待在防风安全的地方，不要在户外活动；推迟上学时间或放学时间，直至特强沙尘暴结束；相关应急处置部门和抢险单位随时准备启动抢险应急方案；受特强沙尘暴影响地区的机场暂停飞机起降，高速公路和轮渡暂时封闭或者停航。

✓ 外出必须戴好口罩、纱巾、防风镜等防尘用品，以免沙尘对眼睛和呼吸道造成损伤。注意交通安全，尽量少骑自行车，不要在广告牌、临时搭建物和老树下逗留。

✓ 如在驾驶，控制车速，打开近光灯，并使用雾灯，黑暗中使用远光灯。如果沙尘已经沾满了挡风玻璃，严重影响视线，要将车缓慢地行驶到安全的路边停下来。

✓ 从室外回到家里后，要认真清洗面部、口鼻，防止沙尘伤害呼吸器官。

遭遇暴风雪，该怎么办？

认识暴风雪

暴风雪，–5℃以下大降水量天气的统称，且伴有强烈的冷空气气流。

暴风雪的形成类似于暴风雨的形成。当降水以雪的形式出现时，叫作暴风雪。

暴风雪即雪暴，是指大量的雪被强风卷着随风飘行，并且不能判定当时是否有降雪，水平能见度小于 1 千米的天气现象。

暴风雪是伴随强烈降温和大风的降水天气过程而发生的。

下暴风雪的时候大雪伴随着狂风，在极其恶劣的情况下飞雪布满天空，能见度不高。暴风雪还会产生积雪，形成雪堆阻断道路，甚至掩埋帐篷和房屋。

暴雪预警信号分四级，分别以蓝色、黄色、橙色、红色表示。

暴雪蓝色预警信号

12 小时内降雪量将达 4 毫米以上，或者已达 4 毫米以上且降雪持续，可能对交通或者农牧业有影响。

暴雪黄色预警信号

12 小时内降雪量将达 6 毫米以上，或者已达 6 毫米以上且降雪持续，可能对交通或者农牧业有影响。

暴雪橙色预警信号

6 小时内降雪量将达 10 毫米以上，或者已达 10 毫米以上且降雪持续，可能或者已经对交通或者农牧业有较大影响。

暴雪红色预警信号

6 小时内降雪量将达 15 毫米以上，或者已达 15 毫米以上且降雪持续，可能或者已经对交通或者农牧业有较大影响。

应对暴风雪的措施与避险原则

✓ 关注气象部门关于暴风雪的最新预报，提前准备，储备足够的食物和水。

✓ 暴风雪来临前尽量不要外出，特别是尽可能减少车辆外出，并躲避到安全地带。

✓ 不要待在危旧房屋和不结实的建筑物内，要及时转移到安全地带。

✓ 如果在室外，要远离广告牌、不牢靠的树木、临时搭建物，避免被砸伤。

✓ 如果置身于山野，找不到可供躲避的场所，要在合适的地方挖个雪洞躲避。只要物资充足，这种方式可以坚持几天。

✓ 如果被暴风雪困住，应尽快拨打求救电话。

✓ 如果外出，要做好防寒保暖准备，预防冻伤和失温。这很有可能导致截肢，甚至失去生命。

事故灾难篇

防御火灾与紧急避险

绝大多数的火灾其实都是可以避免的，只要足够重视，并且做好充分的准备。

检查隐患

1. 装修时，要选用阻燃材料。电线铺设要规范，杜绝私拉乱接。

2. 确保电器、电线均选用合格产品，线路不出现超负荷使用的情况。

3. 插座要选用带开关的，外出时要及时关闭电源开关；长时间外出时，冰箱也要关闭电源。

4. 高热类电器（如加热器、电熨斗等）在使用时要远离易燃物品（如打火机、棉织物、化纤织物、塑料制品、纸制品等）。

5. 及时更换老旧电线、老旧电器。

6. 养成良好的用火习惯，切记不要开着火离开家，临时离家也不行，一定要做到人走火灭。

7. 不要在家中存放易燃易爆物品，如酒精、汽油、鞭炮等。如果确实需要，一定要严格控制总量，并保证存放在阴凉通风处。

8. 定期检查燃气管线的连接处是否漏气、管线是否老化，定期更换燃气软管，要选用质量有保证的产品。

做好防范

准备足够数量的防烟面罩（至少人均一个），并且要学会正确地使用它。

准备灭火器，定期检查灭火器状态，定期更换新的灭火器，并且学会使用。

灭火器可能会出现这种状况：几年之内压力表看上去都处于正常范围，但使用时却没有压力。所以要定期更换新的灭火器，或者拿到专门的地方检测压力，这个时间间隔应该在 12 ～ 18 个月。

正确使用灭火器的步骤

1. 查看灭火器的压力表，正常状态下指针指向绿色区域。指向红色区域表示压力过小，甚至无压力。

2. 检查罐体外观是否正常，有无磕碰或生锈。

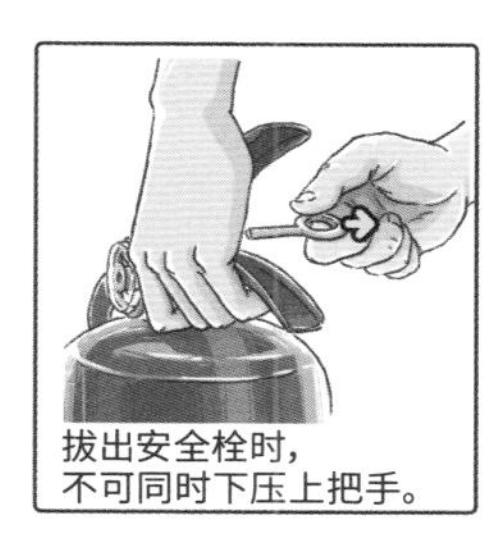

3. 用左手提着灭火器的下把手（切记不要同时按住上把手），右手拉出安全栓。

4. 用手握住软管和喷嘴的连接处，对准火焰的根部。

5. 提着灭火器下把手的同时按下上把手，一次性把灭火剂都喷向火焰根部，根据火焰的情况进行移动，但要确保被喷射的位置一直是火焰的根部。

如果将你手边的灭火器全部用完，火势还是没有控制住，请迅速离开火场，立刻向安全区域逃生。

面对任何小的火，或者初起的火，如果你知道消防设施在哪里，并且可以熟练地使用它们，你可以一边拨打 119 火警电话，一边尝试去扑灭它们，以避免更大的损失。在这个过程中，你可以大声呼救，让更多的人帮助你，比如帮你寻找更多的灭火器，并使用它们跟你一起灭火。

如果你可以使用的消防设施已经无法有效地控制火势，或者你根本不会使用它们，要立刻迅速离开那里，并叫其他在场和有可能在场的人跟你一起转移到安全的地方去。

火场紧急避险

在世界各地，火灾天天都在发生，但是没有哪两场火灾的情况是一模一样的，所以没有一劳永逸的技术可以确保遭遇火灾的人们可以完全幸运地逃离出来。

要想成功地从火场逃生，还是需要依靠自己平时的知识积累及日常准备。

比如准备防烟面罩，知道最近的或者最安全的安全出口在哪里等，也许起火的位置刚好影响到了某一个安全出口，那里也就会变得不安全了。

大量的数据表明，火场的四大致命杀手是因燃烧产生的灰烬、燃烧后产生的有毒气体、因燃烧产生的热辐射，以及灼热的火焰。

前三个都会伤害到我们的呼吸道，甚至威胁到我们的生命。所以火场逃生最关键的问题是保护好呼吸道，最好的办法是正确佩戴防烟面罩，然后迅速逃离火场。如果你所在的地方没有防烟面罩，可以用水弄湿衣服、毛巾捂住口鼻，迅速逃离火场。

如果没有防烟面罩，也没有水可以弄湿衣物、毛巾，或者火势很小，才刚刚燃烧起来，还感觉不到热辐射，或者已闻到了浓烈的气味，那就毫不犹豫地憋住一口气，赶紧向安全出口方向逃离。

即便着火的地方离你很远，暂时没有任何影响，也要迅速离开，去往更安全的区域。

如果因为起火，建筑物内已经断电，你已经看不清楼道里的情况，预先准备的应急物资就派上用场了——戴上防烟面罩，取出照明设备，找到安全出口指示灯，按照指引找到安全出口，迅速离开火场。

如果你所处的空间已经有了大量的烟雾，影响了视线，这时候撤离需要尽量降低身体的高度。这样你会看得更清楚，能够更容易地找到安装在墙上的安全指示灯，按照指示的方向找到安全出口。

如果火势很大，燃烧迅速，把你困在了房间里，要立刻把门关严，用毛巾、浴巾、床单等一切可以利用的物品，把门、窗缝隙塞严，想办法将它们弄湿，最好向门、窗泼水降温。同时打电话，或者想一切其他办法求救，让救援人员知道你被困在了这里，等待救援。

如果被困房间的窗户可以打开，可在窗口大喊，也可以挥动颜色鲜艳的物品，或者吹响哨子向外界求救。如果是晚上，可以利用手电光向外界发出求救信号。

千万不要贸然进行花式跳楼，什么姿势都不可以，否则后果非常严重，甚至会丢掉性命。如果是矮楼层，可以请求别人找来梯子，帮助逃生。在极端情况下，如非跳不可，可以用手扒住窗台，将身体垂于窗外，以降低坠落的高度，尽可能地减少损伤。

高层建筑着火避险原则

对于高层建筑，按照国家相关标准要求，建筑高度超过 100 米的公共建筑，应设置避难层（间），第一个避难层（间）的楼地面至灭火救援场地地面的高度在 50 米以内，两个避难层（间）之间的高度在 50 米以内。

当你所在的高层建筑着火时，首先需要判断着火的位置，再根据实际情况决定往哪里逃生。不管怎样，你都要清楚地知道避难层（间）在哪里、如何快速地到达避难层（间），那里有专门的消防电梯，条件允许的情况下，可在那里乘坐消防电梯到达地面，离开着火的建筑。

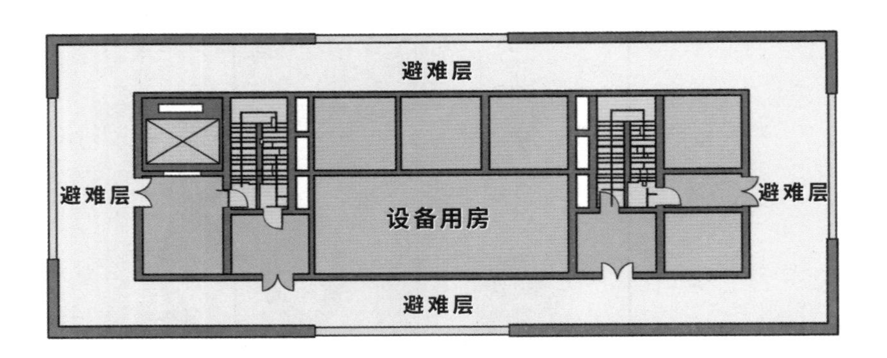

进入避难层（间）后，立刻关闭防火门，这很重要。

如果到达避难层（间）时，已经不具备乘坐消防电梯的条件，那么要冷静地找到消防电话，利用它与外界取得联系，或者注意收听应急广播，按照要求去做就可以了。

避难层（间）有消防喷淋系统及消防栓，可以利用它们降低环境温度。

避难层（间）可能有可以打开的窗户，以让新鲜空气进入，或者有独立的空调或通风系统，以确保在那里的人可以正常呼吸。

避难层示意图

在避难层（间），不要轻易打开除消防栓以外的其他设备井间的门。

高层建筑着火，切记不要贸然行动，一定要先判断起火的位置，不要乘坐平时乘坐的电梯，你要清楚地知道楼梯 / 防火梯的位置。

在撤离之前，如果有条件，要拉断电闸，关掉煤气阀门。

不要轻易相信别人说的“用绳子或把床单撕成条连接在一起，可以从高层的窗户逃生”，那样非常冒险。

不是简单地丢一根绳子就可以逃生，这需要事先做好一系列的准备。在极端情况下，要有一个安全的位置可以让你拴牢绳子，同时你的臂力要足够支撑你悬在空中，并能够坚持一段时间，这样才有可能实现。

不管怎样，在逃生时，绝不要贪恋财物，生命永远比财物更重要！

交通工具着火

自驾车辆起火

如果已经看到明显的火苗，尽快离开燃烧的车辆，并劝离围观的人们，虽然此时你一定很心疼你的车，但人的生命更重要，不是吗？

如果刚好是你所在的车厢起火，要迅速按下车厢内的“报警开关”，通知工作人员采取紧急措施，之后拨打 119 火警电话，寻找车厢内的灭火器，扑灭小火。

如果火势已经很大，向没有燃烧的车厢撤离。

如果是其他车厢起火，要听从工作人员的指挥，或者按照车上的广播指引，离开着火的车辆，前往安全区域。

乘坐客船时遇到客船起火

要听从工作人员的指挥。在火势没有大面积蔓延的情况下，关闭着火船舱的舱门，撤离到没有着火的船舱或者甲板上。

如果火势已经很大，也可以按照工作人员的指引，利用救生艇、救生绳、救生梯向水中逃生。在下水之前，要穿上救生衣，这很重要。

乘坐飞机时遇到飞机起火

一定不要盲目行动，切记要听从工作人员的指挥，在这个时候，听从指挥就是最好的配合。

不管何时何地，在逃生时，绝不要贪恋财物，生命永远比财物更重要！

乘坐公共汽车时遇到车辆起火

要迅速从车门下车，到安全的地方去。如果车门已经无法正常打开，或者火势已经将车门封住，可以用你上车时观察到的安全锤击碎车窗玻璃，从车窗逃离着火的车辆。

交通事故

认识交通事故

交通事故是全球发生频率最高的事故之一，很大比例的交通事故都会造成人员伤亡，造成的直接、间接经济损失和人员损失都很大。

交通事故基本是人或车辆在道路上因过错或者疏忽造成的。

还有一些是地震、台风、山洪、雷击等不可抗拒的自然灾害造成的。

大部分交通事故是可以避免的。无论是行人还是车辆，都要遵纪守法，礼让他人，驾驶车辆的人员要做到安全驾驶，对车辆的定期保养维护也很重要。

如果通过学习，我们养成了遵纪守法、安全驾驶的好习惯，也能做到礼让他人，事故率会大大降低。

夜间驾驶时，由于灯光照射范围有限，驾驶员视力变差，视野变窄，视距变短。

在昏暗的灯光下，视觉调节需要时间，对向灯光照射后，驾驶员短时间看不清前方道路。

夜间驾驶驾驶员容易产生视觉疲劳，有的时候处于半清醒状态，相比白天更有可能发生交通事故。

夜间驾驶时，要先打开车灯，确认安全后起步，停车时，车停稳后再关灯；夜间通过光照不良路段时，应使用远光灯，对面来车或跟车时，不得使用远光灯。

在高速公路上行驶时，要严格按照规定选择行驶车道。长时间高速行驶，驾驶员对车速的感觉容易变迟钝，驾驶员需要通过车速表来确认车速，不能仅凭感觉判断车速。

高速公路上不得在紧急停车带或路肩上行车，不准在匝道、加速车道或者减速车道上超车、停车。在高速公路上行车时，要根据行驶速度、道路状况和天气保持安全距离。高速路上不得频繁变更车道，要注意道路标识，在确认安全的前提下驶入变更车道。

在隧道中行驶时要保持原来的车道行驶，保持匀速行驶，开启示宽灯、尾灯和近光灯，这一方面可照亮前方道路，另一方面可防止被后车追尾。路面湿滑的情况下，要注意控制好方向，避免刹车过急。车辆离开高速公路时，应减速进入匝道，将车速降到规定值以下。

坡道不要超车，否则会增加危险，坡道顶部由于视线受阻，容易发生碰撞等危险，因此为了安全不要坡道超车。下坡行驶时不要空挡滑行，要利用发动机的牵制作用降低车辆滑行的速度，因此必须挂着挡位，否则刹车失灵，十分危险。下坡路段使用方向盘时要轻，不可猛打方向盘，以防因惯性力大、速度快、方向盘使用不当而造成翻车。下坡途中停车时，制动要比在平路上提前；上坡途中停车时，与前车的距离要比平路上大。

弯道行驶时，进入弯道前直线行驶时做减速动作，并减到足够低的速度。看不见弯道后面的情况时就保持低速，并给其他车辆留有空间。避免转弯换挡，确保双手能控制方向盘。弯道行驶原则为“减速、鸣喇叭、靠右行”。

雨天驾驶时，道路湿滑，车辆容易发生侧滑，不可以急转方向盘，也不要紧急制动，利用发动机制动减速。车胎容易打滑，驾驶员操作困难增加，雨天视线不佳，因此要减速行驶。下暴雨时，雨刷器很难刮净雨水，驾驶员视力受阻碍，为保证行车安全，要立即停止行驶。

雾天行驶时，要打开前后防雾灯及示宽灯，也可以打开近光灯起补充作用。时刻注意车速，加大与前车距离。雾天行驶时切不可随意超车。如果车在高速公路上，最好的方式就是离开高速公路。这样才能最大限度地保证行车安全。

示宽灯

近光灯

前雾灯

后雾灯

远光灯

雪天驾驶时，地面很容易结冰，要低速缓慢行驶，必须加大与前车的安全距离，保持好车内温度并检查雨刷器，根据天气情况，给挡风玻璃除雾。

雪天能见度低，要开启雾灯、近光灯，帮助驾驶员了解前方情况，开启示宽灯和前后位灯，使前后行驶的车辆能够看到自己的具体位置及通行情况，方便其他车辆采取相应的措施。

要匀速行驶，掌握好方向，保持好车辆的平顺性。轻易不要超车。

不论何时，我们都不应该阻挡救援车辆前进。如果在驾驶中遇到后方有救援车辆正在执行任务，要及时避让，这时有人正处在水深火热之中，正等待他们去救援！

当驾驶员面临涉水驾驶时，涉水前要对水路的深度、水流速度和水中情况进行排查，情况不明时不可轻易涉水行驶。确认涉水路线相对安全后，低速平稳驶入水中，缓慢行驶，防止熄火。

驾驶员要目视前方参照物，不要看水流，防止产生视觉错误，使行驶方向偏移。行驶在水中时尽量不要停车或急转弯，要一次通过涉水路段。

出了积水路面后，车辆仍应低速行驶一段路程，并轻踏几次刹车踏板。这样做的目的是让刹车片与刹车盘发生摩擦，使附着在上面的水蒸发或将其甩干，使其快速地恢复制动效果。

涉水过程中意外熄火，不要再次启动车辆，否则会造成发动机的损坏，要尽快联系拖车，将车辆拖离涉水路段。

高速行驶中如果出现爆胎情况，车辆会倾向爆胎一方，此时驾驶员应紧握方向盘，松抬加速踏板或制动踏板，千万不要紧急制动。

控制好行驶方向，挂低速挡，平稳安全驶离行车道，停在应急车道上，按照法律要求摆放警示牌，车上人员撤离到安全的区域。

乘坐公共交通工具时的避险原则

乘坐公共汽车时，如遭遇事故，快速地从最近的车门有秩序地逃生，在打不开车门的情况下，可选择车窗及天窗逃生。

也可在车门上方找到应急阀门，按照指示图标的指示旋转阀门，待气路切断后，推开车门逃生。

车窗逃生时，如遇到无法打开的情况，可以用车窗旁的安全锤锤尖猛击玻璃窗的四个边角，敲碎玻璃后，要用安全锤把窗口的碎玻璃全部清除掉，以便人员通过，注意防止刮伤。

另外，在公交车车顶上还有紧急逃生窗，也就是天窗。旋转公交车上标识紧急逃生的红色扳手并向外推，即可打开天窗。

乘坐地铁时，如遭遇意外停驶或者停电，千万不要惊慌，同时安抚身边的人，通常地铁有备用电源。地铁列车车门上方的“紧急开门手柄”是用来强行打开车门，紧急疏散的，不能擅动，否则十分危险。

何时紧急开门要视具体情况而定。若列车停在隧道里，擅自打开车门，会让乘客有跌入隧道的危险。

如果逃离，最好的出路是人工开启列车两头驾驶室里的“逃生门”，听从工作人员的指示，沿着隧道中央快速撤离现场。

乘船时，要严格按照要求穿着救生衣！

这时候，穿对救生衣很重要，要按照要求把所有的带子卡扣都卡好，关键时刻，这样做可以救你一命。

选大小合适的救生衣　　卡好胸前卡扣　　卡好腿间绑带卡扣

如果船只意外失事，下沉的船只越大，你就越要远离它。大船在下沉的时候很容易产生吸力，带着其他东西一起下沉。这一点必须高度注意。

即使你穿着救生衣，下沉的大船也可能将你拖到水里去。如果没有救生衣，一定要找一切能漂浮在水面上的物品，好用它们浮在水面上，等待救援。

安全日历

生活中有很多值得庆祝的节日，除此之外，还有一些特殊的日子需要我们记住。

3 月 1 日　国际民防日

国际民防日是由国际民防组织统一确定的，它通过开展社会宣传活动，宣传防灾减灾、公共安全和民防知识。

3 月最后一周的周一　全国中小学生安全教育日

自 1996 年起，每年 3 月最后一周的周一为我国全国中小学生安全教育日。

设立这一节日是为了全面深入地推动中小学生安全教育工作，大力降低各类伤亡事故的发生率，切实做好中小学生的安全保护工作，促进他们健康成长。

4 月 15 日　全民国家安全教育日

2015 年 7 月 1 日全国人大常委会通过的《中华人民

共和国国家安全法》规定，每年 4 月 15 日为全民国家安全教育日，以加强国家安全新闻宣传和舆论引导。

将国家安全教育纳入国民教育体系和公务员教育培训体系，增强全民国家安全意识。

4 月 28 日　世界安全生产与健康日

2001 年，国际劳工组织（ILO）正式将 4 月 28 日定为“世界安全生产与健康日”，并作为联合国官方纪念日。

确立世界安全生产与健康日的想法起源于工人纪念日（Workers Memorial Day）。

该纪念日于 1989 年首次由美国和加拿大工人提议，以便在每年的 4 月 28 日纪念死亡和受伤的工人。国际自由工会联合会和全球工会联盟将它发展成一种全球性节日，并将其范围扩展到每一个工作场所。

世界安全生产与健康日已经在世界上 100 多个国家获得承认。

4月30日　全国交通安全反思日

全国交通安全反思日为每年的4月30日，是为唤起人们关注交通事故正在夺去大量生命这一事实而设立的。

设立的目的是希望有更多的人来关注交通安全，反思以往的驾车陋习，认真审视并改正不文明的交通习惯，把宝贵生命从无情的车祸中解救出来，尊重人的生存价值和生存权利。

5月8日　世界红十字日

1948年，经国际联合会执行委员会同意，红十字创始人亨利·杜南先生的生日——5月8日被定为“红十字日”。

这是红十字会与红新月会国际联合会、红十字国际委员会以及190个国家的红十字会和红新月会共同的纪念日。在这一天，他们以各种形式纪念，以表示红十字运动的国际性以及红十字人道工作不分种族、宗教及政治见解的特性。

5月12日　全国防灾减灾日

经国务院批准，自2009年起，每年5月12日为“全国防灾减灾日”。

这一方面顺应社会各界对防灾减灾的关注，另一方面提醒国民“前事不忘，后事之师”，要更加重视防灾减灾，努力减少灾害损失。

9月的第二个周六　世界急救日

红十字会与红新月会国际联合会将每年9月的第二个周六定为“世界急救日”。

希望通过这个纪念日，呼吁世界各国重视急救知识的普及，让更多的人士掌握急救技能技巧，在事发现场挽救生命和降低伤害程度。

10月13日　国际减轻自然灾害日

联合国大会在1989年将每年10月的第二个星期三

定为“国际减轻自然灾害日”。

2009年，联合国大会通过决议，将其改为每年10月13日，简称“国际减灾日”。

自然灾害是当今世界面临的重大问题之一，严重影响经济、社会的可持续发展，威胁人类的生存。

“减轻自然灾害”，通常是指减轻潜在的自然灾害可能造成的对社会及环境影响的程度，即最大限度地减少人员伤亡和财产损失，使社会和经济结构在灾害中受到的破坏得以减轻到最低程度。

12月2日　全国交通安全日

2012年12月2日被国务院正式批准为首个“全国交通安全日”。

首个“全国交通安全日”的主题是“遵守交通信号，安全文明出行”。

12 月 4 日　全国法制宣传日

2001 年，中共中央、国务院决定将我国现行《宪法》实施日即 12 月 4 日确定为“全国法制宣传日”，2014 年将该日期以立法形式设定为“国家宪法日”。

除了《中华人民共和国宪法》，作为中华人民共和国的公民，还必须学习、了解《中华人民共和国道路交通安全法》《中华人民共和国消防法》《中华人民共和国安全生产法》等与安全息息相关的各项法律法规。

后记

灾害最大的特点是不可预知性。在面临突发事件时，应保持冷静，不要慌乱，更不要浪费时间，要运用所学的知识和技能做出正确的决定。能够做到临危而不乱，前提是你真的学习、练习了。

无论是否学习了，慌乱一定会让你浪费时间，甚至做出错的决定，后果很严重。

希望你一辈子也用不上这些知识，但只要用到一次，就大大地赚到了。

本指南仅仅给出了一些基本的防灾避险建议，大家还应去学习更多的防灾避险知识，了解更多的防灾避险成功案例，这样在灾难来临时，受伤的概率才会明显降低。

本书是防灾减灾通俗科普读物，介绍一些基本的、实用的防灾减灾知识，可供社会公众日常使用。

本书是北京市防震减灾宣教中心系列科普作品之一。在编著过程中得到了中国地震局修济刚研究员的指导，得到了北京新九原风险管理技术有限公司江旭辉总经理的技术支持，得到了中国地震应急搜救中心李宁及特邀内容监制曹开、张丽芳鼎力相助，在此一并致谢。